"十四五"技工教育规划教材

新东方烹饪教育　组编

美味与科学技术的碰撞

开启全新的美食殿堂

分子料理美食

中国人民大学出版社

·北京·

图书在版编目（CIP）数据

分子料理美食 / 新东方烹饪教育组编. -- 北京：
中国人民大学出版社，2021.12
　ISBN 978-7-300-30248-5

　Ⅰ. ①分… Ⅱ. ①新… Ⅲ. ①烹饪－方法 Ⅳ.
① TS972.11

　中国版本图书馆 CIP 数据核字（2022）第 009075 号

分子料理美食

新东方烹饪教育　组编

Fenzi Liaoli Meishi

出版发行	中国人民大学出版社	
社　　址	北京中关村大街 31 号	**邮政编码**　100080
电　　话	010－62511242（总编室）	010－62511770（质管部）
	010－82501766（邮购部）	010－62514148（门市部）
	010－62515195（发行公司）	010－62515275（盗版举报）
网　　址	http://www.crup.com.cn	
经　　销	新华书店	
印　　刷	中煤（北京）印务有限公司	
规　　格	185mm×260mm　16 开本	**版　　次**　2021 年 12 月第 1 版
印　　张	7.75	**印　　次**　2024 年 12 月第 4 次印刷
字　　数	145 000	**定　　价**　31.00 元

本书编委会

编委会主任

金晓峰

编委会副主任

汪 俊

编委会成员（排名不分先后）

柯国君 王 强 查显双

　　分子料理，又称为分子美食学。分子料理，顾名思义，是将食物的味觉以分子为单位进行处理和呈现，打破食材原貌，重新搭配和塑性，你所吃的并非如你日常所见的。分子料理在顶级餐厅中越发常见，尤其被米其林星级餐厅的评委们所热爱和惊叹。分子料理是触动味蕾的奢侈盛筵，将美食以另一种形态入餐，不负人生不负胃。

　　分子料理，诞生于西班牙，由两位物理学家、化学家于 1988 年共同提出的。其实早在数千年前，中国便出现了分子料理的萌芽，如中国的琼脂发明和应用，就是最早的分子料理的一种技法。随着社会的发展以及人们对美食的极致追求，分子料理的确是一些厨师大展拳脚的地方，让热爱创新的厨师想尽办法令食物变成艺术，探索味道的可能性和食材的极限。但是如果刻意地将每道食物都使用分子料理来完成的话是不可取的，真正技术高超的厨师会把这些技法在不知不觉中融入各种菜品中，带给人美的享受和惊喜。

　　本书从分子料理的原料到分子料理的技法，图文并茂地阐述了分子料理的繁锦世界。通过阅读本书，可以了解分子料理的原料，掌握分子美食学的十余种烹饪技法，开启美食创造的各种可能。百闻不如一见，让我们翻开书页，进入分子料理的世界吧！

目 录

第一章

气化技术

1 不是真啤酒

技术分析

　　运用气化技术，将橙汁做成啤酒的质感，形态、口感足以乱真。喝到嘴里让人质疑这到底是啤酒还是果汁，也许分子料理就是这样，虚虚实实、虚实相间。

所用食材

主料：橙子 500g

分子料理原料：乳化剂 2g

制作步骤

将橙子手榨出橙汁
200g 备用。

在橙汁中加入乳
化剂。

搅匀无颗粒状后
备用。

将做好的橙汁倒入
苏打瓶中备用，确
保无颗粒状。

将二氧化碳装入气
膛中。

打入苏打瓶中。

将苏打瓶放入冰箱
冷藏 3 小时。

将冷藏后橙汁倒入
杯中。

打入 7 分满

将成品摆好备用。

2 甘蓝之海

技术分析

　　利用分子料理胶化技术和气化技术，将蓝甘、牛奶、气泡水分层处理。

所用食材

主料：蓝甘糖浆 50g、白糖 10g、淡奶油 100g

分子料理原料：琼脂

分子料理原料：卡帕胶

制作步骤

将蓝甘糖浆用水稀释，得到 150g 液体，加卡帕胶 2g。

晾凉到 50 度，倒入高脚杯中。

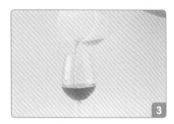

加至五分之一，晾凉至凝固。

锅中加入淡奶油，白糖、加入 1g 琼脂。

煮好的淡奶油倒在凝固的蓝甘冻表面。

打入用苏打瓶制成的气泡水。

打入约 8 分满。

放入薄荷叶。

将成品摆好备用。

3　煎牛排配香菜奶油

技术分析

　　运用分子料理气化技术，将各种油类经过乳化膨胀，得到像奶油一样的油脂，气化技术可以运用到各式用油的菜肴，更好地解决了菜品油腻的缺点。

所用食材

主料：油 200g

辅料：香菜 200g

分子料理原料：甘油二酯 4g

制作步骤

将香菜放入料理机中，加入油。

将香菜与油同打碎。

打至相互融合。

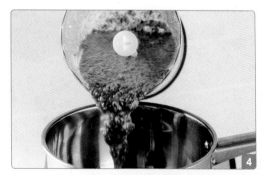

将打好的香菜油倒入锅中加热。

小火挥发水份。

过滤出油，晾凉备用。

将油倒回锅中，加入甘油二酯加热至融化。

放凉后倒入虹吸瓶中。

打入 2 颗奶油气弹。

将发好的香菜奶油打入杯中。

打出造型。

进行点缀装饰。

上面放上煎好的牛排。

放上鱼子酱点缀。

将成品摆好备用。

4　水晶石榴慕斯

技术分析

　　利用糖艺技术做出空石榴，综合液氮技术、球化技术、气化技术，将鲜榨的石榴汁做成小鱼籽，慕斯液氮炒制后打成粉，还原不一样的水晶石榴！

所用食材

主料：石榴一个

辅料：淡奶油 200g

制作步骤

将石榴去皮留籽备用。

将石榴籽炸出汁。

将淡奶油倒入虹吸瓶中。

再倒入一半的石榴汁。

5 苏打番茄酒香果园

技术分析

　　将去皮的珍珠番茄同香槟酒放入压力瓶中，运用分子料理气化技术和胶化技术，打入二氧化碳气体，在重压下，香槟酒融入番茄的分子中，表面用胶化的香槟还原出番茄皮。

所用食材

主料：圣女果 300g

辅料：香槟酒 500g

分子料理原料：卡帕胶 3g

制作步骤

将圣女果放入开水中烫皮。

取苏打果肉瓶，加入香槟酒。

再加入烫皮西红柿。

气膛中放入二氧化碳气弹。

打入两颗子弹，放入冰箱冷藏 4 小时。

冷藏圣女果。

锅中加入香槟酒。

加入卡帕胶搅匀烧开。

将冷藏的圣女果裹上卡帕胶体。

将包裹好的圣女果放入盘中。

摆盘。

装饰点缀。

将成品摆好备用。

第二章

凝胶技术

1 低温大理石纹鹅肝配石榴啫喱

技术分析

　　将鹅肝切成小块，染色，再包裹慢煮，放凉后切成需要的形状。自然和谐的纹路，配上酸甜的红石榴啫喱和石榴鱼籽，非常的美妙。

所用食材

主料：法式鹅肝约 1000g

辅料：石榴糖浆 100g，墨鱼汁 30g

调料：白胡椒粉 3g，盐 5g，白糖 30g，牛奶 500g

制作步骤

将鹅肝切成不规则的小块。

加入盐、白胡椒粉。

加入墨鱼汁。

搅拌均匀，让墨鱼汁包裹到每一块鹅肝上。

将处理好的鹅肝，用保鲜膜卷成圆柱状。

将鹅肝用塑封袋抽真空，用 65 度水煮 20 分钟。

将煮好的鹅肝放冰箱冷冻 1 小时，完全凝固后切块摆盘。

将石榴糖浆与 100g 水稀释后，加 2g 卡帕胶，煮开成啫喱备用。

用石榴啫喱打底，放入鹅肝，再用石榴鱼籽点缀，最后摆盘。

2 翡翠澳带

技术分析

　　鲜嫩多汁的澳带经过低温慢煮，运用分子料理胶化技术，保持脆嫩的口感，配以新鲜芳香的椒麻汁，让澳带有丰富的味道，却不减澳带鲜味。

所用食材

主料：澳带 250g

分子料理原料：卡帕胶

辅料：鲜花椒壳30g、青线椒60g、小葱60g (2)

调料：胡椒粉3g、盐5g

制作步骤

澳带加盐、胡椒粉腌制。

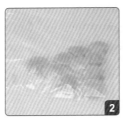

将澳带塑封，放入59度的低温中煮15分钟。

辅料切碎，加菠菜和水打成汁。

将椒麻汁过滤备用。

过滤后的椒麻汁倒入锅中。

取500g液体，加入8g卡帕胶煮开备用。

煮开的液体晾凉至60度，将澳带放入胶体中。

将胶体包裹均匀。

依次包裹均匀。

装盘。

将成品摆好备用。

3 古树桂花红

技术分析

运用分子料理胶化技术，将云南的古树红茶与桂花巧妙结合，茶香、花香相得益彰。

所用食材

主料：红茶 10g

调料：冰糖 10g

辅料：桂花 3g

分子料理原料：丝毫胶

制作步骤

红茶用沸水冲泡备用。

桂花加冰糖，沸水冲泡。

红茶泡约 20 秒过滤出茶水。

桂花泡约 1 分钟过滤出桂花茶水。

放凉后的茶汤 500g 加入丝毫胶 5g 融化。

倒入锅中烧开。

倒入盛器中凝固。

桂花茶 200g 晾凉，加入 2g 丝毫胶融化后煮开。

倒入平盘中凝固。

凝固时确保放平衡。

凝固后的茶冻磨具。

将成品摆好备用。

4 香橙椰香卷

技术分析

运用胶化技术，将香橙和椰奶结合。运用新的操作手法，巧妙运用胶化的性质，将果汁和奶合成在一起，对做法好奇的同时却又赏心悦目。

所用食材

主料：橙子 500g

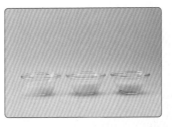

辅料：椰 浆 100g、牛 奶 100g、白糖 30g

分子料理原料：结冷胶 5g

制作步骤

将橙子手榨出橙汁 200g 备用。

榨好的橙汁倒入 锅中。

加入卡帕胶，搅融 化烧至 80 度。

加热后的橙汁胶体，到 入玻璃管中三分之一。

将玻璃管中的液体 在冰水中凝固。

锅中加牛奶和椰浆、 加入白糖。

加入琼脂，搅匀 烧开。

将煮好的牛奶灌入 玻璃管中，装满后， 放凉至凝固。

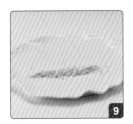

橙子果肉在液氮中 冷冻，解体成颗粒 状摆在盘中。

装盘。

将成品摆好备用。

5 珍菌狮子头

技术分析

　　运用胶化技术，做成了传统不能实现的菜肴，利用纤维素受热凝固的特殊性质，将各种菌菇融合，做成狮子头的形状。

所用食材

主料：松茸菇 50g、口蘑 50g、绣球菌 50g、白玉菇 50g

调料：胡椒粉 3g、盐 5g

辅料：高汤 1000g

分子料理原料：纤维素

制作步骤

将各类菌菇切成 0.5cm 小丁。

200g 纯净水加入 5g 纤维素。

用搅拌器搅拌融化，静止 8 小时消泡。

切好的菌菇加入纤维素液体中。

将纤维素和菌菇充分搅拌均匀。

搅拌均匀的菌菇用手制成直径 6cm 的圆球状。

将高汤加热至 90 度。

下入菌菇球。

加适量盐、胡椒粉调味。

在高汤中煨制 20 分钟。

装盘。

将成品摆好备用。

6　樱桃鹅肝

技术分析

　　运用胶化技术，细腻的鹅肝用牛奶浸煮，去筋碾成细腻的泥状，蔓越莓用反向技术做成小球，当作樱桃的"籽"咬开后呈流心状，包上酸甜的外衣，还原樱桃。

所用食材

主料：鹅肝 1000g

辅料：牛奶 500g

调料：蔓越莓果蓉 50g、白糖 30g

制作步骤

锅中加入牛奶，放入鹅肝，加盐胡椒粉调味、小火煮熟。

煮熟后的鹅肝放凉，用刀刮成泥状。

蔓越莓果蓉加糖后搅匀，用球化技术做成圆球。

先将鹅肝泥挤入磨具三分之一，中间放上蔓越莓陷心。

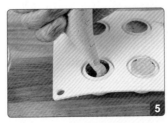

再用鹅肝泥填满磨具中。

用抹刀抹平后，冰箱冷冻 3 小时。

冷冻后将鹅肝脱模。

锅中加入蔓越莓糖浆 100g、水 200g。

加入卡帕胶 4g、搅拌至溶解。

煮开。

晾凉至 60 度。

将鹅肝挂上蔓越莓糖浆，凝固。

挂好的鹅肝。

将成品摆好备用。

第三章

液氮技术

1 豆浆冰淇淋

技术分析

　　运用液氮超低温冷冻技术，赋予豆浆新的口感，香椿特殊的芳香味道与豆浆相结合，清新宜人。

所用食材

主料：豆浆 350g

辅料：小葱 30g、香椿

调料：橄榄油 50g、海盐 3g

制作步骤

小葱叶加橄榄油入搅拌机打成泥状。

打好的小葱泥倒入锅中小火加热。

小火熬成绿葱油，备用。

豆浆加海盐煮开。

煮好的豆浆加入葱油。

加入黄原胶。

用手持搅拌机打匀。

搅匀的豆浆倒入液氮盆中，炒至水泥状，挖成橄榄状。

香椿焯水，切碎备用。

切好的香椿炒香，调味。

炒好的香椿围在盘边，中间放上挖好的豆浆冰淇淋。

将成品摆好备用。

② 榴莲冰淇淋

技术分析

　　运用液氮超低温冷冻技术，在不变食材的原始风味的基础上，增添冰淇淋丝滑细腻的口感；解体后的香橙果肉，具有鱼子酱般的颗粒感，与冰淇淋完美交融。

所用食材

主料：榴莲 300g

辅料：鲜橙果肉 100g、淡奶油 150g、糖浆 75g

分子料理原料：黄原胶

制作步骤

1　榴莲中加入淡奶油。

2　加入糖浆、2g 黄原胶。

3　用搅拌机打成细腻糊状。

4　将打好的榴莲酱倒入液氮中。

5　用蛋抽不断搅拌至冷凝固。

6　成冰泥状后用榄勺挖成榄形备用。

7　新鲜剥好的橙肉放入液氮中。

8　在液氮中瞬间冷冻。

9　冷冻后解体成颗粒状摆盘。

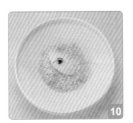

10　将成品摆好备用。

3 桃花泛

技术分析

　　将新鲜的芒果，打成果蓉后迅速液氮冷冻，炒成冰淇淋的质感，放上柠檬的夹心，冰爽细腻，最后将草莓干打成粉，筛到冰淇淋球上，淡淡的粉色像是散落的桃花瓣。

所用食材

主料：芒果 500g

辅料：柠檬 100g、薄荷叶 5g、白糖 50g、草莓干 5g

制作步骤

锅中加水，加入白糖。

再加入柠檬果肉。

再加入柠檬皮小火煮制。

熬至粘稠加入薄荷叶碎。

加入泡好的鱼胶片。

将柠檬陷心放入磨具中，晾凉后冰箱冷冻。

将芒果打成蓉，倒入液氮中迅速凝固。

炒成冰淇淋状。

用冰淇淋勺挖成冰淇淋状，中间塞入陷心。

制成冰淇淋球。

将草莓干在液氮冷冻，筛在冰淇淋球表面。

将成品摆好备用。

④ 新杨枝甘露

技术分析

　　将椰奶利用液氮的超低温冷冻成看似碗的一个盛器，将其辅料装入冰碗中，上菜时倒入液氮。

所用食材

主料：芒果 350g

调料：椰果50g、牛奶100g、椰浆100g、白糖50g

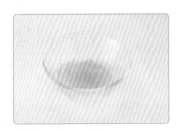

辅料：西米 100g

制作步骤

牛奶和椰浆加糖融化后，灌入气球中，吹气。

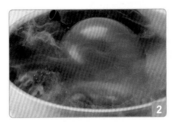

将气球放入液氮中冷冻。

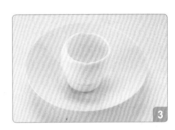

冷冻后，撕掉气球形成球形盛器。

芒果取一半切成丁。

取一半打成芒果蓉倒入做好的盛器中。

加入椰果和煮好的西米。

最后放上切好的芒果丁。

将成品摆好备用。

5 三文鱼刺身配西米薄脆

技术分析

　　运用液氮技术，以三文鱼刺身的概念，将三文鱼加入青芥辣，用液氮冻硬，然后用料理机打碎成粉末状，将刺身酱油做成一颗颗小鱼籽，感受不一样的三义鱼刺身。

所用食材

主料：三文鱼 300g

调料：胡椒粉 3g、盐 2g

辅料：西米 100g、青芥辣 20g、墨鱼汁 15g

制作步骤

锅中水烧开，下入西米煮熟。

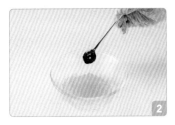

煮熟的西米加盐、胡椒粉调味，加墨鱼汁调色。

搅拌均匀。

在干发垫上抹平，放入干发机中，55°干发 4 小时。

制成西米薄脆。

三文鱼切成小块备用。

在液氮盆中加入青芥辣和三文鱼。

利用液氮的超低温将原料脆化。

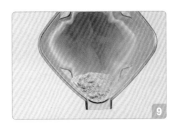

放入料理机中打成粉末状。

干发好的西米薄脆炸至涨发。

利用球化技术将寿司酱油做成鱼子状。

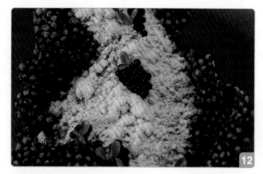

装盘。

成品。

第四章

干发技术

1 干发海鲈鱼

技术分析

运用恒温干发技术，为食物加冠，让口感和风味更为丰富。对鲈鱼调味，刷油后干发，保留了酥脆的质感和鱼肉的香味。规范干发的温度以及设备，更大地减少自然气化的不稳定性影响。

所用食材

主料：海鲈鱼一条

调料：胡椒粉 3g、盐 5g

制作步骤

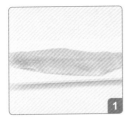

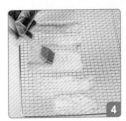

将鱼取净肉备用。

将鱼片成1mm厚的长方片。

依次摆在干发垫上。

表面刷少许食用油。

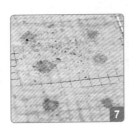

撒上胡椒粉。

加盐调味。

鱼片表面贴上香菜叶。

放入干发机中，55度干发3小时。

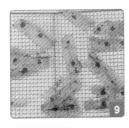
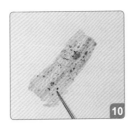

干发后取出。

完全干燥去除水份。

将成品摆好备用。

2 海苔薯片配青豆汤

技术分析

　　运用干发技术，将细腻的土豆粉与酥香的腰果碎融合，以海苔、淡奶油、黄油为媒介，干发后得到酥香的脆片，搭配上浓香的青豆汤，吃起来口有余香。

所用食材

主料：土豆泥 100g、海苔　辅料：青豆 100g、黄油　调料：胡椒粉 3g、盐 5g
碎 10g、腰果碎 30g　　　15g、洋葱 15g、淡奶油

制作步骤

淡奶油中加入打好的土豆泥。

加入黄油，搅至融化。

加入海苔碎和腰果碎。

将原料搅匀后，抹在干发垫上。

放入干发机中，65 度干发 4 小时。

干发后的海苔薯片。

锅中加黄油融化。

加入洋葱炒香。

下入青豆炒香。

加入鸡汤烧开，调味。

加入牛奶，煮开。

将青豆汤打成泥。

装盘。

将成品摆好备用。

③ 椒香小牛肉

技术分析

　　将青椒、鲜花椒打碎，低温干发，保持食材原有的绿色，脱水粉碎后，如青苔般落在牛肉上，可谓苔痕上阶绿，草色入帘青！

所用食材

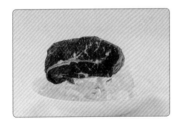

主料：牛肩肉 350g

调料：盐 5g、胡椒粉 3g、椒麻鲜露 10g

辅料：青花椒壳 15g、小葱 30g、线椒 50g

制作步骤

牛肉去筋，加盐、胡椒粉腌制，加油煮开。

放入塑封袋中，倒入椒鲜麻露。

塑封后，65 度低温 40 分钟。

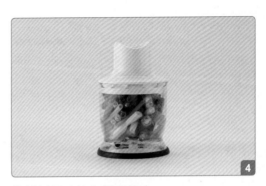

将辅料切碎放入料理机中。

打碎。

成泥状即可。

抹平在干发垫上。

放入 55 度的干发机中干发 4 小时。

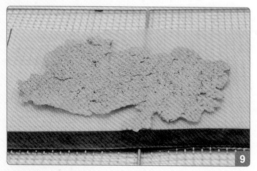

干发好的椒麻薄片。

煮好的牛肉切成条，在平底锅中煎制。

煎制上色。

椒麻薄片取一半打成粉，筛在鹅暖石上。

摆入煎好的牛肉。

进行摆盘。

将成品摆好备用。

4 热果鹅肝

技术分析

    来自传统小食果丹皮的灵感，运用分子料理干发技术将芒果果蓉做成薄片，包裹醇香细腻的鹅肝，也可将其他水果干发成薄片，与鹅肝自由搭配。

所用食材

主料：法式鹅肝 1 块
约 1000g

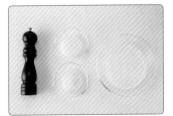

调料：牛奶 500g、盐 10g、
白糖 10g，胡椒粉 5g

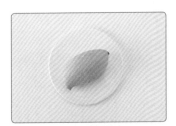

辅料：芒果 500g

制作步骤

1

将鹅肝切成小块。

2

锅中加牛奶、盐。

3

加入胡椒粉。

4

下入鹅肝，小火煮制 10
分钟。

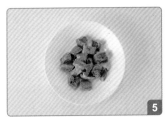

5

煮熟捞出备用。

6

芒果去皮，切块。

7

打成果蓉。

8

将果蓉倒入锅中加热。

9

加入白糖。

加热煮开。

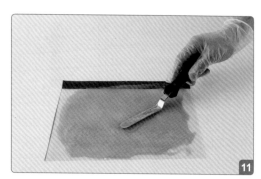

将煮好的果蓉在干发垫上铺平。

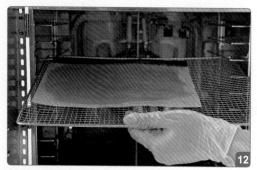

放入干发机，55 度干发 4 小时。

取出干发后的芒果薄片。

将薄片剪裁成正方形，包入煮好的鹅肝。

将成品摆好备用。

第五章

低温技术

① 锅贴羊里脊配沙葱

技术分析

　　将细嫩的羊里脊低温慢煮，保持了羊肉原味的鲜味，采用"锅贴"的方法为羊肉增加更多的脂香味，配上鲜香的沙葱，香味弥漫，相得益彰。

所用食材

主料：羊里脊 150g

调料：盐 3g、胡椒粉 2g、
橄榄油 15g、面粉 3g

小葱辅料：沙葱 50g

制作步骤

羊里脊加盐、胡椒粉腌制。

腌好的羊里脊塑封后，75 度真空低温慢煮 20 分钟。

煮好的羊里脊改刀成段。

面粉加油调糊。

再加水稀释成稀糊。

用圆形磨具放在不粘锅中，加入兑好的稀糊。

将网片煎制半干状态下入切好的羊里脊。

煎制底部金黄。

煎制好的羊里脊。

平底锅中加入沙葱煎制，加盐调味。

将成品摆好备用。

2 椒麻鲜鲍

技术分析

　　运用低温慢煮技术，使得鲜鲍既有脆、嫩、鲜的口感，又能保证鲜鲍最大的营养成分，配上清香的椒麻汁，别有一番滋味。

所用食材

主料：鲜活6头鲍4只

调料：鲜花椒壳20g，鸡汁5g，橄榄油40g，盐

辅料：绿线椒100g，小葱50g

制作步骤

鲍鱼取肉，加盐腌制，加油煮开。

1

腌好的鲍鱼塑封机塑封。

2

塑封鲍鱼放入低温慢煮机65℃煮15分钟。

3

搅拌机中加入线椒，小葱，盐，鸡汁，橄榄油。

4

搅打成泥。

5

成酱汁备用。

6

煮好的鲜鲍。

7

中间切开摆盘。

8

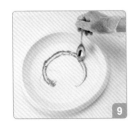

打好的椒麻汁酱画在盘中。

9

将成品摆好备用。

10

③ 慢煮温泉蛋

技术分析

　　运用分子料理低温慢煮的技法，还原鸡蛋滑嫩软糯的口感，蛋白的娇气滑嫩与蛋黄的软糯香甜，让人口齿留香。

所用食材

主料：鸡蛋一枚

调料：海鲜酱油 10g

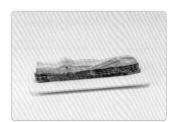

辅料：培根 50g

制作步骤

将培根切成细丝备用。

炒熟备用。

鸡蛋洗净放入低温慢煮机 65 度煮制 60 分钟。

煮好的鸡蛋。

淡黄呈凝固状态。

摆盘。

将成品摆好备用。

4 墨鱼汁藜麦饭配慢煮雪花牛

技术分析

　　运用低温慢煮技法，将雪花牛排与藜麦结合，利用墨鱼汁天然的黑色着色剂，呈现中国水墨画的黑与白。

所用食材

主料：牛排 300g

调料：盐 5g、胡椒粉 3g、
墨鱼汁 5g

辅料：洋葱米 15g、藜麦
30g、面粉 10g、橄榄油 15g

制作步骤

牛排加盐、胡椒粉
腌制。

加入墨鱼汁腌制
均匀。

腌好的牛肉抽真空。

放入 59.5 的低温水
域慢煮 25 分钟。

藜麦加水煮熟备用。

锅中加黄油炒香
洋葱。

下入煮好的藜麦。

加盐、墨鱼汁调味
调色。

煮好的牛肉切成条
煎制。

煎制墨鱼汁调制的
黑色网片。

炒好的藜麦饭装盘。

将成品摆好备用。

5 香裹金枪鱼柳

技术分析

　　烹制肉质细腻的金枪鱼一定要掌握时间和温度，采用低温真空慢煮，60 度恒温煮 12 分钟，赋予鱼肉软弹紧实的口感，再搭配开心果，增加坚果的香味。

所用食材

主料：金枪鱼 200g

调料：胡椒粉 3g、海盐 3g

辅料：开心果仁 50g、黄芥末 100g

制作步骤

金枪鱼用盐、胡椒粉腌制。

放入真空袋塑封。

放 60 度低温水域煮 12 分钟。

开心果加 1g 海盐 1g 胡椒粉。

打成粗颗粒的粉状。

打成粉备用。

煮好的金枪鱼柳刷一层芥末酱。

粘上开心果碎。

搭配冰糖柠檬煮制的胡萝卜，摆盘。

将成品摆好备用。

6 炙烤五花

技术分析

　　五花肉的做法很多，最常烹调的是红烧肉。本品借鉴红烧肉的思路，运用低温慢煮技术，用 86 度的温度恒温加热 8 小时，使味道渗透透彻，长时间的高温度会将肥肉油脂进行乳化，从而肥而不腻，软糯不失口感，浓香不失味道。

所用食材

主料：五花肉 500g

调料：胡椒粉 3g、盐 2g、老抽 5g、海鲜酱 60g

辅料：洋葱 150g

制作步骤

五花肉加入切碎的洋葱。

加入海鲜酱。

加入盐，胡椒粉调味。

抓拌均匀。

将腌好的肉抽真空。

86 度煮制 7 小时。

煮好的肉取出备用。

锅中倒油，煎制四面微微上色即可。

将成品摆好备用。

7　象牙白萝卜低温牛舌

技术分析

　　牛舌，富含微量元素及雪花油脂，口感软嫩多汁，低温慢煮，不流失其水分，将白萝卜与鲍汁同煮，长时间的浸煮，口感软糯，与牛舌相互添彩。

所用食材

主料：牛舌 200g

调料：鲍汁 50g、盐 5g、
胡椒粉 3g

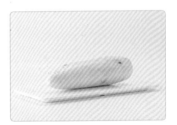

辅料：白萝卜 300g

制作步骤

将牛舌去掉老皮洗净。

牛舌加鲍汁腌制。

加胡椒粉，盐腌制。

将牛舌塑封入低温慢煮机
68 度煮 50 分钟。

将白萝卜用磨具压成条。

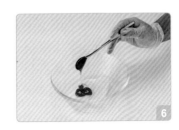

加鲍汁腌制。

塑封后同牛舌一起煮制。

煮好的牛舌中间切开。

煎制上色。

煮好的萝卜取出备用。

将白萝卜垫在盘底。

放入牛舌摆盘。

成品。

第六章

泡沫技术

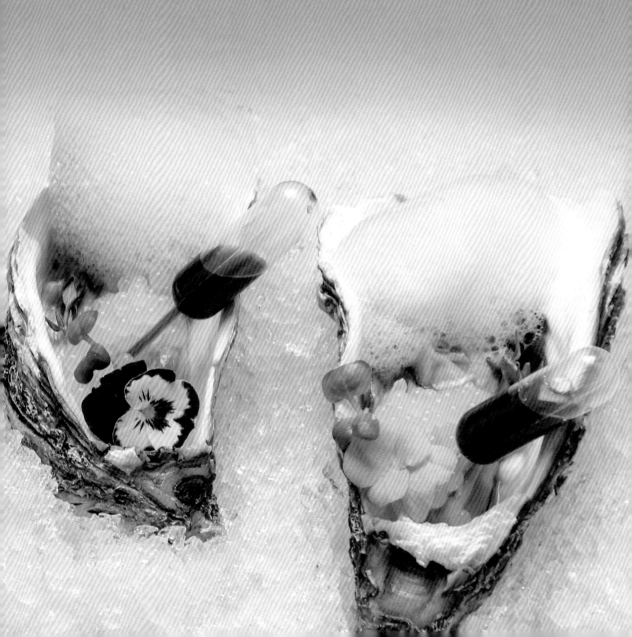

① 煎澳带、栀子煨蘑菇、柠檬泡沫

技术分析

　　运用泡沫技术，将带子和柠檬巧妙结合，为菜肴增加风味。

所用食材

主料：澳带 250g

调料：胡椒粉 3g、
盐 5g

辅料：黄栀子 30g、鸡枞
菌 30g、白玉菇 30g、蟹
味菇 30g

分子料理原料：卵
磷脂 4g

制作步骤

锅中加入清汤，下入黄栀子煮开。

煮好的黄栀子水过滤备用。

锅中加少许黄油，炒香蘑菇。

加入煮好的黄栀子水。

加盐、胡椒粉调味。

汤汁收至浓稠备用。

将澳带在锅中煎熟。

将煎好的澳带吸油备用。

柠檬洗净带皮切片。

榨碎备用。

将柠檬渣过滤。

柠檬液体中加入卵磷脂和乳化剂。

打成柠檬泡沫备用。

将煮好的蘑菇和澳带进行摆盘。上面放上柠檬泡沫。

将成品摆好备用。

② 慢煮生蚝配柠檬泡沫

技术分析

　　运用低温慢煮和泡沫技术，短时间紧致生蚝肉，将带皮的柠檬打碎，保留柠檬的香气，做成泡沫状，与生蚝结合。

所用食材

主料：生蚝两只

调料：寿司酱油 10g

辅 料： 柠 檬 50g、
青芥辣 5g

分子料理原料：卵
磷脂 5g

制作步骤

柠檬洗净带皮切片。

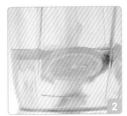

柠檬片放入 1000g
纯净水搅打。

榨碎备用。

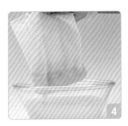

过滤柠檬渣。

柠檬液体中加入卵
磷脂和乳化剂。

打成柠檬泡沫备用。

将 生 蚝 50 度 煮 8
分钟。

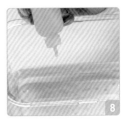

将青芥辣运用球化技
术做成鱼子酱备用。

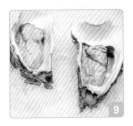

煮好的生蚝装回原
壳中摆盘。

将成品摆好备用。

③ 泡沫龙井虾仁

技术分析

　　运用分子料理泡沫技术，将传统菜肴龙井虾仁进行创新。将虾仁加入茶水，调味低温慢煮。虾仁浸染茶叶的清香，再用茶水做成茶泡沫，闻茶香，品美食！

所用食材

主料：虾仁 100g

调料：胡椒粉 3g、
盐 5g

辅料：龙井茶叶 10g

分子料理原料：卵
磷脂 5g

制作步骤

将龙井茶用 90 度的
热水泡出茶水。

过滤去茶渣。

虾仁加盐、胡椒粉
腌制。

加入少许茶水。

塑封后，用 65 度的
温度煮 12 分钟。

剩余茶水加入卵
磷脂。

用搅棒打出泡沫。

煮好的虾仁摆盘。

放入龙井茶泡沫。

将成品摆好备用。

4 泡沫龙虾汤

技术分析

　　运用气化的虹吸技术，将传统的龙虾汤做成绵软的半泡沫质感。做好的龙虾汤加入乳化剂，打入虹吸瓶，气化膨胀后产生蓬松绵软的质感，不改菜肴的风味。

所用食材

主料：波士顿龙虾 700g

调料：胡椒粉 3g、盐 5g

分子料理原料：乳化剂 5g

制作步骤

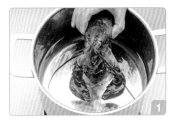

龙虾放入水中煮制。

煮熟备用。

将虾壳与肉分离。

锅中加油，小火炒香虾壳，炒出红油。

加水，煮制 30 分钟。

过滤虾壳残渣，加盐，胡椒粉调味备用。

取虾汤 1000g，加入乳化剂。

将乳化剂搅拌溶解。

倒入虹吸瓶内，加入大约 7 成满。

打入 2 颗奶油气弹。

放置 5 分钟即可使用。

将龙虾肉进行摆盘。

将虹吸瓶内的龙虾汤打入龙虾肉中。

将成品摆好备用。

第七章

球化技术

1 蜜瓜鱼籽配火腿

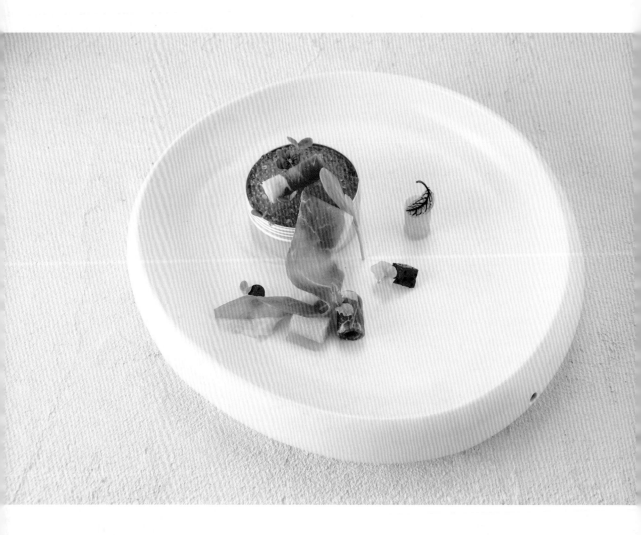

技术分析

　　运用球化技术，将哈密瓜做成具有爆浆感的鱼子酱口感，配上醇香的火腿，是蜜瓜香味的完美搭配。

所用食材

主料：哈密瓜约
1000g

辅料：火腿切片 30g

分子料理原料：海
藻粉

分子料理原料：钙粉

制作步骤

哈密瓜切成小块。

用搅拌机打碎。

打成果蓉。

过滤。

取 300g 液体加入
3g 海藻胶。

用搅拌机将海藻胶
打匀，冷藏静置 5
小时消泡。

1000g 纯净水加入
6g 钙粉溶解。

将哈密瓜液体装入
挤瓶中，滴在钙水
中形成鱼子状。

放入清水中清洗。

装盘。

将成品摆好备用。

2 木瓜炖桃胶

技术分析

　　木瓜营养丰富，选择木瓜是因为颜色极其接近生蛋黄。运用分子料理球化技术，可以呈现出生鸡蛋的质感和形态。

所用食材

主料：木瓜 500g

调料：冰糖 30g

辅料：桃胶 50g

制作步骤

木瓜去皮切成小块，装进料理机。

搅拌成泥状。

200g 木瓜泥加入 4g 乳酸钙。

搅拌均匀。

盛入碗中静置 2 小时。

1000g 纯净水加入 10g 海藻胶。

打匀静置 5 小时。

取量勺先倒一半木瓜液，中间放入桃胶，再用一半木瓜蓉封上，在海藻胶中凝固。

凝固成型后清水洗净。

汤盅内加入木瓜球，冰糖、桃胶、水。

上笼蒸制 20 分钟。

将成品摆好备用。

③ 玉米爆珠鹅肝

技术分析

　　运用分子料理反向球化技术，将玉米煮熟打成蓉，配上细腻柔滑的鹅肝，运用球化技术，做成自然形状的小爆珠，搭配红柚小鱼籽。

所用食材

主料：鹅肝 500g

调料：白胡椒粉 3g，盐 5g，白糖 30g，牛奶 500g

辅料：玉米 500g

分子料理原料：乳酸钙

分子料理原料：海藻胶

制作步骤

锅中加牛奶，将鹅肝改刀下入，加盐、胡椒粉、白糖调味。

鹅肝煮熟后用刀抹成泥状，去掉血管。

处理好的鹅肝泥，抹进方形盒中，冷冻 3 小时。

玉米放入锅中煮熟。

放入碗中，用搅拌器打碎。

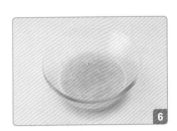

打碎后过滤去渣。

得到 150g 玉米蓉，加入乳酸钙 3g。

搅拌均匀，至融化后静置 4 小时。

静置后的玉米蓉滴入打好的海藻胶体内，凝固成不规则的形状。

捞出成型，沥去多余的海藻胶。

冻好的鹅肝切成长方块，上面放上做好的玉米球。

用红柚做好的鱼子点缀。

成品。

第八章

烟熏技术、
油泡沫技术

① 果木烟熏春江小仔鸭（烟熏技术）

技术分析

    运用分子料理低温和烟熏技法，将仔鸭的鲜嫩和香椿的独特相融合，二者搭配，增添苹果木屑的烟熏，巧妙地增加了菜肴的层次感。

所用食材

主料：鸭胸 200g

调料：胡椒粉 3g、盐 5g

辅料：菠菜 50g、香椿 100g

制作步骤

鸭胸加盐、胡椒粉腌制。

腌好的鸭胸塑封。

放入 60.5 度的水中低温慢煮 25 分钟。

香椿和菠菜汆水。

放入搅拌机加油打碎。

打成香椿酱备用。

打好的香椿酱放入碗中备用。

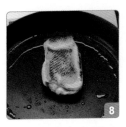

煮好的鸭胸入平底锅中煎制两面金黄。

煎好的鸭胸改刀。

装盘。

用烟熏枪将果木屑的烟打入烟罩内。

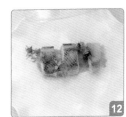

成品。

② 烟熏青苹果夹心三文鱼（烟熏技术）

技术分析

　　用三文鱼包裹青苹果和奶油做成的夹心，将果木碎放入烟熏枪内，打出烟雾附着在菜肴表面，增加了菜肴的层次感和独特的风味，又不失原料的本味。

所用食材

主料：三文鱼 300g

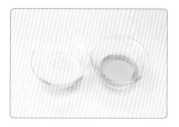

调料：淡奶油 100g、青苹
果糖浆 50g

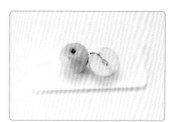

辅料：青苹果 200g

制作步骤

1 将青苹果切成 0.5cm
小丁。

2 淡奶油打发至七成。

3 加入苹果糖浆和苹
果丁搅匀。

4 打好的奶油装进裱花
袋，挤在保鲜膜上。

5 卷成圆柱形，放入
冰箱冷冻 2 小时。

6 将三文鱼片成坡刀
片，加盐腌制。

7 切好的三文鱼片反
面向上平铺在盘中。

8 将冻好的苹果陷卷
入三文鱼片中。

9 卷成圆柱形，放入冰
箱冷冻 1 小时定型。

10 切开摆盘，表面盖
一层香槟胶片。

11 烟熏枪打烟增加烟
熏风味。

12 将成品摆好备用。

3 海参冻配香菜油泡沫（油泡沫技术）

技术分析

    运用分子料理胶化技术和泡沫技术，将高级清汤融入谷物的清香，与海参一起凝胶成冻。香菜气味芳香，熬出油，运用温度的掌控打成泡沫状，味道和海参冻相融。

所用食材

主料：水发海参 150g

调料：香菜 40g、油 50g、盐 3g

辅料：藜麦 30g、野米 30g、青麦仁 30g

分子料理原料：卵磷脂 4g

分子料理原料：结冷胶 5g

制作步骤

锅中加水，藜麦。

加入青麦和野米煮熟。

海参煮熟入味后切段。

料理机中加香菜，加油。

将香菜打碎。

打碎的香菜放入锅中小火熬出香菜油备用。

熬好的香菜油加入卵磷脂。

加热至 50 度倒入碗中。

用泡沫机打成香菜油泡沫。

锅中倒入高级清汤。

加入结冷胶搅至融化。

融化后加入辅料。

下入海参段。

加盐调味。

倒入模具自然晾凉后，入冷藏冰箱冷藏 3 小时。

冷藏后脱模改刀装盘。

改刀后摆盘。

放入打好的香菜油泡沫点缀。

将成品摆好备用。

第九章

反向球化技术、离心技术、惊奇系列

1 柿叶翻红霜景秋（反向球化技术）

技术分析

运用分子料理球化技术，将熟透了的火晶柿子打成蓉，做成反向球化，还原柿子的形态，撒上糖粉，"柿叶翻红霜景秋"的景象盛入眼帘。

所用食材

主料：火晶柿子 500g

分子料理原料：乳酸钙 6g

分子料理原料：海藻胶 10g

制作步骤

柿子去皮，取出果肉。

取 300g 净果肉。

用搅拌器将果肉打碎。

加入乳酸钙搅打均匀。

1000g 纯净水加入 10g 海藻胶。

打匀后静置 5 小时。

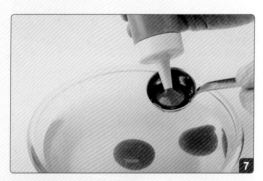

将柿子果蓉静置消泡 5 小时装入挤瓶中，
挤入海藻水中凝固。

在海藻水中浸泡 1 分钟。

在纯净水中洗去多余海藻胶水。

用柿子蒂点缀。

装盘。

撒上糖粉。

将成品摆好备用。

② 番茄鸡蛋汤（离心技术）

技术分析

运用离心技术，将番茄分离出接近透明的液体，不改变番茄的任何味道和营养成分。运用先锋料理的概念，创新番茄蛋汤。

所用食材

主料：西红柿 500g

辅料：鸡蛋 50g

将离心机调成 4000 转、10 分钟

调料：胡椒粉 3g、盐 5g

制作步骤

西红柿去皮。

烫好的西红柿切厚片。

切好的西红柿放入打碎机打碎。

将西红柿液体倒入量杯备用。

将西红柿果蓉装入离心机的转子杯中。

离心后的番茄溶液。

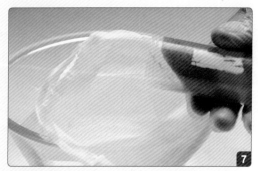

将离心好的番茄溶液细网过滤后切块摆盘。

得到的西红柿液体煮开成啫喱备用。

将西红柿液体倒入锅中。

加盐、胡椒粉调味。

蛋清打散。

倒入锅中。

装盘。

将成品摆好备用。

3 蔓越莓之恋（惊奇系列）

技术分析

　　分子料理惊奇系列菜肴，改变食物的样貌和难以对号的实物，运用口红模具，将白巧克力和蔓越莓结合，做成艳丽的口红和玫瑰，不由得让人遐想甜蜜的爱情。

所用食材

主料：巧克力碎 100g

工具：口红磨具

辅料：蔓越莓果蓉 20g

制作步骤

将巧克力碎倒入塑封袋中。

加入蔓越莓糖浆。

封口。

放入 38 度温水中融化。

完全融化后取出备用。

将融化好的巧克力溶液挤到口红模具中。

将口红挤平整。

自然放凉至凝固。

脱模。

装入模具中。

将成品摆好备用。